AF298473

RÉPONSE

DE MADAME LA MARQUISE

DU CHASTELET,

A la Lettre que M. de Mairan , Secretaire perpetuel de l'Academie Royale des Sciences , lui a écrite le 18. Février 1741. fur la queſtion des forces vives

À BRUXELLES, chez FOPPENS. 1741.

RÉPONSE

DE MADAME LA MARQUISE

DU CHASTELET,

A la Lettre que M. de Mairan, Secretaire perpetuel de l'Academie des Sciences, &c. lui a écrit le 18. Février 1741. sur la question des forces vices. *

A BRUXELLES, *ce 26. Mars* 1741.

Uelque forme que prennent vos ouvrages, Monsieur, j'en ferai toujours un cas infini ; ainsi vous ne devez pas douter de la reconnoissance avec laquelle je reçois l'édition *in-*12 de votre Mémoire que vous m'envoyez, & je commence à croire véritablement les Institutions de Physique un livre *d'importan-* ce, depuis qu'elles ont procuré au public la   page 4. lig. derniere.

---

*Tous les chiffres indiqués à la marge renvoyent à la lettre de Mr de Mairain, à laquelle cette lettre répond.

Lettre à laquelle je vais répondre , & cette nouvelle édition de votre Mémoire dont vous *pag. 4.* avec *consenti* qu'on l'enrichît , avec les change-*lig. 6.* mens importans que vous y avez faits , & dont vous avez la bonté de m'instruire.

Si je n'avois craint de manquer à la politesse en différant trop long-tems cette réponse , je vous aurois demandé quelques éclaircissemens dont j'avoüe que j'aurois besoin.

Je vous aurois demandé , par exemple , ce que vous entendez par *bien lire* un ouvrage , afin que je puisse me garantir   dans la suite du *pag. 5.* reproche que vous me faites de n'avoir pas *bien lig. 8.* lû ni dans son *énoncé* , ni dans le *texte* qui la *& 9.* suit , la proposition de votre Mémoire dont j'ai pris la liberté de ne pas convenir.

Or jusqu'à ce que vous m'ayiez expliqué sur cela votre pensée, je suis obligée d'interprêter à la maniere des Scholiastes ce passage un peu obscur , par un autre très-clair qui se lit à la *lig.der-* page 26 & 27 de votre Lettre , & je trouve par *niere &* ce moyen que cela veut dire , que je n'ai point *prem.* lû du tout cette proposition. Voilà assurément une accusation des plus graves , car puisqu'il *pag. 5.* ne s'agissoit que de la *bien* lire , dans son *énoncé,* pour en comprendre toute la force, je suis bien coupable de n'avoir pas pris cette peine , moi qui ai pris celle de lire deux fois votre Mémoire.

Mais je vous avouë a ma confufion , que je ne puis deviner auffi heureufement ce que l'*Er-* **pag. 7.** *rata* de mon Mémoire fur le feu , & ce qui fe **lig. 6.** paffa, dites-vous, à l'Imprimerie Roiale, a fon occafion, peuvent faire aux forces vives.

J'avois pris la liberté de prouver dans les In-ftitutions Phyfiques , que vous aviez fait un mauvais raifonnement dans votre Mémoire de 1728. A cela , vous me répondez que j'ai fait un *Errata*; vous m'avouërez que cet *Errata* eft précifement le tronc de St Mery * du Pere Anat.

Je fuis encore dans un grand embarras pour fçavoir quel *Contrafte* un *Errata* peut faire *avec* **pag. 7.** *le monde pour lequel je fuis née* ; s'il y a du *Con-trafte* dans tout ceci , il me femble que ce n'eft pas dans cet *Errata* qu'il confifte.

Après vous avoir propofé mes doutes , fur les endroits de votre lettre qui m'ont paru obfcurs, je vais répondre à ceux, qui , ce me femble , n'ont pas befoin d'éclairciffement ; car je vois très-clairement , par exemple, que mes Senti-mens Philofophiques pouvoient *marcher* fans **pag. 7.** que vous y fuffiez *nommément* impliqué,& je me **lig. 24.** flatte qu'ils n'ont point perdu ce privilege. **& 25.**

Le Confeil que vous voulez bien me don-

---

* Provinciales , lettre 17. addreffée au Pere Anat.

ner *de lire* , & de *relire* votre Mémoire, me pa_
roit encore très-clair ; mais je puis vous affurer
que plus je le *lis* & *relis* , & plus je me confirme
dans l'idée où je fuis , que quelque fuppofition
que vous faffiez , une force capable de fermer
4. refforts feulement , n'en fermera jamais fix.

Mais avant de le prouver de nouveau , je
dois répondre à un autre reproche que vous
me faites , & qui n'eft pas moins grave que le
premier , c'eft d'avoir tronqué, & défiguré l'endroit de votre Mémoire que j'examine dans mon
livre.

Heureufement, il n'y a point de lecteur qui
ne puiffe juger par fes yeux, de la juftice de ce
reproche, en comparant cet endroit tel que je
l'ai abregé dans mon ouvrage , avec les n°. 38.
39. 40. 41. 42. 43. & 44. de votre Mémoire
in 4°. dans lequel ils occupent 6 pages * que je
ne pouvois , ni ne voulois tranfcrire dans mon
livre ; ainfi vous ne devez pas exiger que toutes vos paroles s'y trouvent , & vous en convenez vous-même à la page 12. de votre lettre :
montrez donc, fi cela eft , que votre fens ne s'y
trouve pas.

pag. 12. C'eft apparemment ce que vous avez prétendu faire, en me demandant dans quel endroit du

---

* Ils en occupent 14. dans l'*in.* 12.

n°. 33. de votre Mémoire, on trouve ce qui est marqué par des guillemets à la fin de la page 432. des Institutions, car il n'y a assurément personne, qui en lisant cette interrogation, ne croye que je vous prête dans l'endroit que vous citez, des sentimens, & des expressions, entierement opposés aux vôtres.

Comme il ne s'agit heureusement pas ici de transcrire 14 pages, je vais épargner au Lecteur la peine d'aller chercher cet endroit, dans mon livre, & dans votre Mémoire, & je vais lui mettre les deux textes sous les yeux, afin qu'il juge par lui-même, de l'importance des variations qui s'y trouvent.

Il s'agit dans cet endroit de la comparaison du mouvement uniforme, & du mouvement retardé.

Instit. de Phisique pag. 432.	Mém. de Mr. de Mairan. n°. 33. p. 57. de l'*in.* 12. & 24. & de l'*in.* 4º.
Mr. de Mairan dit encore numero 33. que *de même qu'une force n'est pas infinie, parce que le mouvement uniforme qu'elle produiroit dans un*	*Comme il ne s'ensuit pas de ce que le mouvement uniforme d'un corps fini qui a une vitesse finie ne cesse jamais, ou dure toujours, que la force mo-*

(8)

trice actuelle qui le produit soit infinie, il ne s'en-
suit pas non plus à la rigueur, que la force mo-
trice de ce même corps
dans le mouvement retar-
dé en soit plus grande,
de ce qu'elle doit durer
davantage.

espace non resistant ne
cesseroit jamais, il ne s'en-
suit pas non plus, à la
rigueur, que la force mo-
trice de ce même corps en
soit plus grande, parce
qu'elle dure plus long-
temps.

Après avoir comparé ces deux textes, avec toute l'exactitude possible, pour y decouvrir mes fautes, je trouve entr'autres obmissions considerables, que j'ai oublié de mettre après ces mots, *ne cesse jamais*, ceux-ci qui se trouvent dans votre texte, *ou dure toujours*, & j'avoue que c'est là une infidelité impardonnable.

Je pourrois pousser cette glose plus loin, mais ce seroit, je crois, abuser de la patience du Lecteur, qui peut juger en connoissance de cause, après cet Exemple, à qui de nous deux il doit s'en prendre, si ce qui est marqué par des guillemets & en italique aux pag. 429. 430. 431. & 432. des Institutions, *est défectueux, pour ne rien dire de pis*, ce sont les paroles de votre Lettre, car je n'aurois garde assurément de me servir de ces termes, mais il vous est permis de faire de votre bien, ce qu'il vous plaît.

Comme il ne m'appartient pas d'en user de

même je dois , avant de quitter cette matiere ,
répondre à ce que vous ajoutez à la pag. 13. de
votre Lettre, où vous me reprochés d'avoir fup-
primé de l'énoncé de cette propolition , *que ce
font les reſſorts non applatis qui donnent la meſure de
la force motrice,* ces paroles qui la terminent, & qui
felon vous l'auroient mife à l'abri detoute criti-
que, *& qui l'auroient été ſi la force ſe fût toujours ſou-
tenuë & n'eut point ſouffert de diminution* ; mais je
demande à tout Lecteur équitable , ſi ces mots
qui fe trouvent à la fin de l'italique de la page
431. des Inſtitutions *par un mouvement uniforme
& une force conſtante*, ne renferment pas , tout
ce que ceux, de la ſuppreſſion defquels vous vous
plaignez, expriment , & s'il y a enfin d'autre difference entre eux que la difference numerique ,
des mots? j'étois d'autant plus autoriſée à croire , que les mots dont je me fuis ſervi renfer-
moient le même fens , que ceux que j'ai , dites
vous *ſupprimés* , que vous avez employé vous-
même deux fois ces mêmes mots, *par un mouvement uniforme & une force conſtante*, au no. 41. de
votre Mémoire, pag. 73. lig. 12. & 74. lig. 8. * &
cela pour exprimer la même choſe preciſément,
que ceux de la ſuppreſſion defquels vous vous
plaignez , expriment.

---

* Ces mèmes mots ſont rapportés ci-deſſous dans le
texte de M. de Mairan que j'y ai tranſcrit pag 16. lig.
17. & 18. Le Lecteur peut voir par lui-même ſ'il ne les
a pas employés dans cet endroit pour exprimer la même choſe que ceux de la ſuppreſſion defquels il ſe plaint.

Je suis d'ailleurs si éloignée d'avoir voulu supprimer ces paroles, que je dis encore à la même pag. 431. des Institutions lig. 14. » Car » si l'on suppose, avec M. de Mairan, que le » corps n'auroit consumé *aucune partie de sa force* » pour fermer 4 ressorts dans la premiere se- » conde *d'un mouvement uniforme*, je dis que ces » ressorts ne seront point fermés, ou qu'ils le » feront par un autre agent.

Est-il possible après cela que vous m'impu- tiez d'avoir obmis, ce que je refute si positive- ment, & ce qui me fournissoit un si beau champ de refutation, car c'est en cela même que con- siste le paralogisme, que je demêle en cet en- droit, & les pag. 431. & 432. des Institutions ne sont employées qu'à le combattre ? comment pouvez vous donc dire avec quelque bonne foi, *que l'on peut raisonnablement douter que j'eusse jamais voulu attaquer cette Theorie, si ces paroles* pag. 13. *n'eussent pas été retranchées de son Enoncé . . . . & que ces paroles ne se trouvent ni dans les morceaux que je vous attribuë, ni dans les remarques de ma part qui les accompagnent.*

Je laisse au Lecteur à juger de l'équité de ce reproche, & je lui demande si ce n'est pas moi qui suis en droit de croire que vous n'avez pas lû, ou du moins que vous n'avez pas *bien* lû les pag. 431. & 432. des Institutions, & si je ne puis pas vous dire à mon tour, *lisez*, Mon-

fieur, je vous fupplie, & *relifez* cet endroit de
mon Livre, & vous verrez que ce ne font point
de fimples *refumez* ni les *paroles d'un autre* que
j'ai tranfcrit, mais les vôtres mêmes, aufquelles pag. 11.
lig. 20.
& 21.
je n'en aurois pû fubftituer d'autres , fans
perdre infiniment au change.

Et en effet , je ne puis croire encore que ce
foit ferieufement, que vous apportez pour ju-
ftifier votre propofition , ce précifement en
quoi j'ai fait voir que confifte fa fauffeté , &
jufqu'à ce que vous l'ayez défenduë autrement
que par fon propre énoncé , je ferai en droit
de la croire fuffifamment refutée par ce que j'ai
dit dans les Inftitutions Phifiques.

Il n'eft pas étonnant après ce que l'on vient
de voir que vous n'ayiez pas voulu comprendre
ce que je dis à la pag. 430. de ces mêmes Inftitutions. Car c'eft le commencement de l'argument
par lequel je refute ce même paffage que vous
me reprochez de n'avoir ni *lû* ni *rapporté* ; mais
affurément c'eft vous ici qui tronquez des paf-
fages. Car fi j'avois dit fans reftriction , comme vous me l'imputez , *qu'on ne peut, même par
voye d'hipothefe, réduire le mouvement retardé* pag. 10.
en uniforme, il n'y auroit nulle obfcurité , & il
feroit très clair que j'aurois dit une grande fot-
tife ; mais quand j'ai avancé à la pag. 430. des
Inftitutions , *Qu'on ne peut même par voye d'hipothefe réduire le mouvement retardé en uniforme ,*

j'avois dit auparavant , *dans les obstacles surmon-*
tés , comme les deplacemens de matiere , les ressorts
fermés , &c. on ne peut même par voye d'hipothese ,
&c. or dites moi, je vous supplie, pourquoi
vous qui exigez tant d'exactitude, vous en avez
si peu dans cette occasion, & pourquoi vous
avez supprimé, non-seulement ces mots, car
ce seroit peu de chose , mais le sens qu'ils renferment, & qui fait voir clairement que je n'ai
point dit, qu'on ne peut *jamais* réduire par hipothese le mouvement retardé en uniforme,
mais que dans le cas que vous supposez dans
votre Mémoire, cela est impossible, & cela le
fera effectivement toujours ; car on ne peut réduire par hipothese, le mouvement retardé
en uniforme, sans faire abstraction des obstacles que le Corps en mouvement rencontre
(comme ont fait Galilée, & tous ceux qui se
sont servis de cette supposition) or vous ne pouvez pas certainement faire abstraction de ces
obstacles, puisque vous les supposez surmon-
tés dans l'endroit de votre Mémoire dont il s'a-
git, & qu'il n'y est question même que d'estimer la force qui les surmonte, j'ai donc eu raison de dire que dans le cas que vous supposez,
on ne peut, même par hipothese, réduire le
mouvement retardé en uniforme, & vous l'a-
vez si bien compris que les pag. 9. & 10. de
votre Lettre ne sont employées, qu'à tâcher de
pallier la fausseté de cette proposition, *que l'on*
peut supposer la force uniforme quoiqu'elle fasse sur-

monter au mobile les obstacles qu'il rencontre, de même *qu'on suppose le mouvement uniforme dans un espace non resistant.*

Examinons donc encore par les regles de la plus sévere Logique cette proposition, & voyons si l'on doit en effet estimer la force des Corps par les effets qu'ils ne font point , & si les forces vives pourront se relever de ce coup si rude que Mr * Deidier prétend que vous leur avez porté , par cette nouvelle façon de les évaluer.

Je me servirai de l'exemple que vous apportez aux no. 40 & 41 de votre Mémoire pag. 71 de l'*in*-12 , 30 & 31 de l'*in*-4°. (Car je suis bien-aise de vous faire voir que je les ai ici tous deux,) je me sers de l'exemple que vous apportez dans cet endroit , parceque vous y entrez dans un plus grand détail que dans votre Lettre.

Voici votre proposition num. 40 , car vous m'avez appris à être exacte , & je rapporterai vos propres mots.

---

* Le jour même que la lettre de M. de Mairan à Madame du Châtelet parut , Mr l'Abbé Deidier ami de Mr de Mairan donna une petite Brochure intitulée : *Nouvelle réfutation de l'hipothese des forces vives*, à Paris , chez Jombert. La moitié de cet Ouvrage est employé à réfuter le Mémoire que M. Jean Bernouilli, envoya pour les prix de l'Académie en 1726. & l'autre moitié à réfuter les Institutions Physiques , & à louer l'ouvrage de M. de Mairan qu'on y attaque.

Ce qui vient d'être dit des espaces non parcourus n'a pas moins lieu à l'égard de tous les autres effets du mouvement, & du choc, comme il a été remarqué ci-dessus num. 27. par rapport aux espaces parcourus ; & nous dirons de même, 1°. que ce ne sont point les parties de matiere déplacées ni les ressorts tendus ou applatis qui donnent l'estimation ou la mesure de la force motrice, mais les parties de matiere non déplacées, les ressorts non tendus, ou non applatis, & qui l'auroient été, si la force motrice se fut toujours soutenue & n'eut point souffert de diminution, 2°. que ces parties de matiere non déplacées sont en raison &c. Comme n°. 38.

Voici à préfent votre preuve de cette propofition, telle qu'elle fe trouve n°. 41.

*Pour en donner un exemple, soient des impul-
sions, des obstacles, ou des résistances quelconques,* [car vous voyez que je n'obmets rien,] *uni-
formement placées sur le chemin du mobile A. telles que des particules de matiere à déplacer, ou des lames de ressort à soulever, ou à tendre, il est évi-
dent, que si le mobile A. avec un degré de vitesse & de force peut en soulever deux en un instant par un mouvement uniforme, c'est-à-dire en conservant, ou en reprenant toujours toute sa force ; & toute sa vitesse après avoir soulevé la premiere, & qu'au contraire, il n'en puisse soulever qu'une par un mouvement retardé, toute sa force, & toute sa vitesse s'étant consumée à soulever la premiere ; il est dis-*

évident , par tout ce que j'ai dit ci-deſſus nº. 28.
que le mobile A. ayant 2 de force , & autant de
viteſſe ſouleveroit 4 de ces lames de reſſort en un
inſtant par un mouvement uniforme ; mais il perd
dans cet inſtant & en tendant les premiers reſſorts
un degré de ſa force , & un degré de ſa viteſſe , &
un degré de force & de viteſſe perduë , donne par
hipotheſe nº 27. une lame de moins de ſoulevée , donc
il n'en ſoulevera que 3 au premier inſtant , & il s'en
faudra la lame 4 qu'il ne faſſe ce qu'il auroit fait ,
s'il n'eut rien perdu ; cependant , comme il lui reſte
encore un degré de force & de viteſſe , qui lui ſeroit ſoulever 2 lames en un ſecond inſtant , ſi ſon
mouvement demeuroit uniforme , & ſa force
conſtante , il doit continuer de ſe mouvoir , & d'a-
gir contre les reſiſtances qui s'oppoſent à ſon mouvement ; mais au lieu de deux , il n'en doit ſurmonter
qu'une ou ſoulever une lame , à cauſe que ſon mouvement y eſt retardé , & ſa force totalement éteinte ,
ce qui fera en tout , 4 lames ſoulevées en vertu de 3
degrés de force & de l'action totale qui a duré 2 inſtans , ſçavoir 4 reſſorts moins un , égal 3 , au premier inſtant & 2 reſſorts moins un , égal I. au ſecond , & l'on voit bien que ce ſera toujours la même
choſe , ſi au lieu de ſuppoſer 2 degrés de viteſſe , & 2
inſtans , on en ſuppoſe 3. 4. &c. & que le mobile
déplacera 6 ou 8 reſſorts par un mouvement uniforme , & une force conſtante , & ſeulement 6 moins
un , ou 8 moins un , par un mouvement retardé
& une force décroiſſante dans le premier inſtant , &
ainſi de ſuite.

Je me flatte que vous êtes content de l'exactitude de cet exposé, je vais tacher à present
que vous le soyez de la réponse.

Je remarque donc premierement, que vous
dites bien expressément dans le premier exemple que vous apportez, que le Corps A qui a
un de vitesse & un de force qu'il consume en
soulevant une lame dans le premier instant,
reprend toute sa force & toute sa vitesse pour
soulever encore une seconde lame dans ce premier instant, d'où je conclus que selon vous-
même, ces deux lames ont été soulevées dans
le premier instant par deux de force, sçavoir,
un de force que le Corps avoit en comman-
çant à se mouvoir, & que vous convenez qu'il
a consumé en soulevant la premiere lame, plus
un de force que vous lui faites reprendre pour
soulever la seconde lame, ce qui fait les deux
lames que vous supposez qu'il souleve d'un
mouvement uniforme dans le premier instant;
or il n'y a rien là que de très-possible, & il fau-
droit, comme dit M. Deidier, être de bien
méchante humeur pour vous le contester; mais
je ne vois pas ce que vous en pouvez conclure,
pour la force du Corps A que vous supposez
avoir commencé à se mouvoir, avec un de vitesse & un de force.

Quant à l'autre cas, dans lequel vous donnez
2 degrés de vitesse au Corps A, avec lesquels

vous

vous suppofez qu'il fouleveroit 4 lames dans le premier inftant , & 2 dans le fecond , *par un mouvement uniforme & une force confiante* , je dis , que les 4 lames ne pourront jamais être foulevées dans le premier inftant , même par hipothefe , qu'en confumant les 2 degrés de viteffe & toute la force que ce Corps avoit en commençant à fe mouvoir , je dis qu'elles ne le peuvent pas être fans cela , même par hipothefe , car il ne vous eft pas permis de fuppofer en même tems, que ces lames feroient foulevées, & qu'elles ne feroient pas foulevées , & c'eft cependant ce que vous fuppoferiez , fi vous difiez, que le corps A. auroit foulevé 4 lames dans le premier inftant, d'un mouvement uniforme , & que vous ne vouluffiez pas convenir, en mêmetems, qu'il auroit confumé en les foulevant , la force néceffaire pour les foulever. Or vous avez dit ci-deffus qu'il faut 2 degrés de force à un Corps pour foulever 2 lames , donc felon vousmême il faut 4 de force pour foulever 4 lames , foit que vous appelliez cette force *une force confiante,* foit que vous lui donniez un autre nom , foit enfin que vous y ajoutiez ces mots , *par un mouvement uniforme* ; donc ce Corps qui avoit en commençant à fe mouvoir 2 de viteffe en vertu defquels il pouvoit, dites-vous, foulever 4 lames, n'aura plus rien dans le fecond inftant fi vous lui faites foulever par hipothefe ces 4 lames dans le premier , & les deux lames que vous lui faites foulever dans le fecond inftant ne le fe-

pag.15. de cette Lettre.

pag.16. de cette Lettre.

B

ront point , ou bien elles le feront par un autre agent , & en vertu d'une nouvelle force.

Or il est clair, qu'il faut que vous fuppofiez , ou que ce Corps auroit renouvellé fa force pour foulever 6 lames en 2 inftans , auquel
cas ce n'eft plus fa force réelle que vous eva-
luez , mais une force nouvelle dont vous ne
pouvez rien conclure, ou bien fi vous voulez
tirer de cet exemple la mefure de la force réelle de ce Corps , par la comparaifon de ce qu'il
fait d'un mouvement retardé , à ce qu'il auroit
fait d'un mouvement uniforme , il faut abfolu-
ment que vous fuppofiez , que c'eft avec la
même force , avec laquelle il a commencé à fe
mouvoir , qu'il auroit foulevé 6 lames au lieu
de 4 , fi cette force ne fe fut point confumée ,
c'eft-à-dire , s'il ne les avoit pas foulevées , ce
qui eft vifiblement fuppofer en même-tems les
contradictoires , & jufqu'à ce que vous ayez
répondu avec précifion à ce dilemme , j'aurai
eu raifon de dire, comme j'ai l'honneur de vous
le *redire* ici , qu'il eft auffi impoffible qu'un
Corps , par la même force qui lui fait fermer
3 refforts dans le premier inftant , & un dans
le fecond , par un mouvement retardé , en
ferme 4 dans le premier inftant & 2 dans le fecond , par un mouvement uniforme , qu'il eft
impoffible que 2 & 2 faffent 6 , & il ne vous eft
pas même permis de le fuppofer à moins qu'on
ne vous accorde la permiffion de fuppofer en

même tems, que des reſſorts ſont fermés, & qu'ils ne ſont pas fermés.

Or comme vous avez fait le raiſonnement que contient votre n°. 41, pour prouver cette propoſition, que vous aviez avancée au n°. 40. *que la meſure de la force motrice n'eſt pas les reſſorts fermés, ni les obſtacles derangés, mais les obſtacles non derangés & les reſſorts non fermés, & qui l'auroient été par une force conſtante*, il faut abſolument, cu que vous conveniez que votre raiſonnement ne prouve *rien du tout*, je dis exactement *rien*, dans toute la force de cette expreſſion, ou bien que vous conveniez qu'il renferme une contradiction auſſi palpable que de ſuppoſer que 2 & 2 font 4 & 6 en même-tems : or je laiſſe a conclure ce qu'il prouveroit alors.

Et ne penſez pas que j'aye choiſi l'exemple des lames de reſſort ſoulevées, ou applaties, plutôt que celui des obſtacles de la péſanteur, ſurmontés par un Corps qui remonte, parce que ce Cas de la péſanteur ſurmontée vous eſt plus favorable que l'autre, comme vous paroiſſez le croire à la pag. 29. de votre Lettre : c'eſt une erreur dans laquelle je ne veux pas vous laiſſer, & puiſque ce que j'ai dit ſur cela au n°. 567 des inſtitutions Phyſiques page 420, & ſuiv. ne vous ſuffit pas ; je vais vous prouver de nouveau que le Cas d'un Corps qui remonte, ſur lequel vous avez, dites vous, *tant*

pag. 29. *infisté* ne vous est pas moins contraire que les
lig. 11. autres.

Je ne veux pas dissimuler que vous dites,
Edit.   pag. 76 de votre Mémoire, que le Corps qui re-
in-12.   monte ne perd pas sa force *à parcourir* les espaces dans lesquels il remonte, mais qu'il la
perd en *les parcourant*, ni vous priver de l'avantage que vous *pouvez tirer d'une* distinction si fine,
& qui éclaircit si bien la difficulté ; mais je crois
cependant que quelque distinction que vous fassiez il faut nécessairement lorsque vous exami-
nez ce qui arrive à un Corps qui commence à
remonter avec la vitesse 2, par exemple, &
quelle est sa force, que vous fassiez abstraction
des obstacles que les impulsions de la péfanteur
lui opposent, ou que vous n'en fassiez pas abstraction, il n'y a pas un troisiéme parti à prendre ; or il est évident, de cette évidence que
tout le monde peut saisir, que si vous laissez
ces obstacles, le Corps avec la vitesse 2. ne
montera jamais qu'à la hauteur 4, & que si vous
ôtez ces obstacles, il n'y a plus alors de calcul
à faire de la force qui les furmonte, ni des
pertes de force que le Corps a fait en les fur-
montant, puisque l'espace vuide d'obstacles que
ce Corps auroit parcouru dans cette supposition,
n'auroit confumé ni sa force, ni sa vitesse, ce
n'est donc pas ce que ce Corps n'a point fait qui
doit être la mesure de la force qu'il a perduë,
mais les obstacles qu'il a furmontés, car les ef-

fets produits, dans le mouvement uniforme & dans le mouvement retardé, sont d'un genre different & qu'on ne peut comparer, l'effet du premier n'étant que l'espace parcouru sans aucun obstacle dérangé dans cet espace; & celui du second consistant dans le déplacement de ces obstacles, je ne craindrai donc point d'assurer que dans tous les cas *possibles*, la force des Corps doit être évaluée par les obstacles qu'ils surmontent de quelque nature qu'ils puissent être, & qu'on ne peut substituer aux pertes réelles qu'ils font en les surmontant, les pertes imaginaires que vous leur faites faire en ne les surmontant pas, sans supposer en même-tems les contradictoires, & qu'enfin, supposé qu'il fut possible que les expériences nous fissent illusion, & que la force des Corps ne fut pas le produit de leur masse par le quarré de leur vitesse, je dis que dans ce cas même, votre proposition & les conclusions que vous en avez tirées seroient toujours fausses, car ce qui implique contradiction ne peut jamais devenir vrai.

Cependant malgré toutes ces preuves, vous me dites encore à la pag. 11. de votre Lettre, que je ne puis vous passer cette conclusion, *qu'on doit estimer la force des corps par les obstacles qu'ils ne surmontent point, & qu'ils auroient surmonté par une force constante*, mais que je ne la *refute* nullement : dites moi donc ce que c'est que *refuter*, si ce n'est pas démontrer; que ce que l'on com-

bat implique contradiction ? mais c'eſt peut-être
pag. 14. cela que vous appellez refuter *un peu cavaliere-*
lig. 7. *ment.*

Il eſt vrai que ſi j'avois voulu ennuier mes lecteurs j'aurois pu, & je pourois encore faire une
refutation plus ample de votre Mémoire, que
celle qui ſe trouve dans les Inſtitutions Phyſiques & dans cette Lettre, mais comme la propoſition que j'ai réfutée, ſert de baſe à tous les
raiſonnemens qu'il contient, & que tous vos ar-
gumens ne ſont que cette même idée retournée
mais toujours défectueuſe, je crois qu'il ſuffit
d'avoir ſapé cette baſe pour faire crouler tout
l'édifice : je vais donc à préſent me défendre à
mon tour, & voir ſi je pourrai ſauver les preuves que j'ai apportées dans mon ouvrage en
faveur des forces vives, des coups que vous
prétendez leur porter dans votre Lettre.

pag. 14. Vous commencez par attaquer un argument
juſqu'à tiré du choc des Corps que j'ai rapporté d'après
la 24. M. Herman ; pour celui-ci vous ne m'accuſez
pas de l'avoir défiguré, ainſi c'eſt M. Herman,
que vous attaquez pour le fonds des choſes, &
je n'y ſuis que pour les louanges que j'ai don-
nées à cet argument, & que vous trouvez auſſi
ridicules, que l'argument même.

Mais je ſuis tentée de croire que tout ceci
n'eſt qu'une plaiſanterie, car comment peut-on

penfer que ce foit férieufement que vous accu-
fiez un auffi grand Geometre que M. Herman,
de confondre le double d'une quantité avec fon quar-   pag.18.
ré, & d'ignorer, que quoique le quarré de 2. *foit* 4.
celui de 3. *n'eft pas* 6. En vérité ne feroit-ce pas
M. Herman *qui ne fe donneroit pas la peine de ré-*   idem
pondre, à une telle allégation ?   lig. 1.

Mais je ne dois pas être fi difficile, ainfi puifque vous me forcez par tout ce que vous ajoutez, de prendre ce que vous dites fur cela pour
un raifonnement férieux, je vais y répondre,
& vous faire voir que ce cas propofé par M.
Herman, n'eft ni *particulier*, ni *fortuit*, ni *équi-*   pag.16.
voque.   lig. 16.

Pour le prouver, je reprends volontiers avec   pag.20.
vous les 3. boules A, B, C, & je ne veux pas   lig. 13.
me fervir d'un autre exemple que de celui que
vous me demandez vous-même ; donnons donc
4 de viteffe à la boule A. Il eft certain qu'elle   pag.16.
donnera, comme vous le dites, à la boule tri-
ple B, 2 de viteffe ; or, dites-vous, 2 de viteffe
par 3 de maffe donnent 6 de force ; mais affurément quelqu'envie que j'aye de vous *tirer*   pag.17.
d'erreurs, je ne puis me *prêter* ici à votre maniere   lig. 17.
de compter, 2 de viteffe par 3 de maffe font
felon mon compte 12 de force & non pas 6, &
cela, parce que le quarré de 2. eft 4 & que le
produit de 4 par 3 eft 12 & non pas 6. [car   pag.17.
vous voyez que j'y *prends bien garde.*]   lig. 22.

B 4

Le Corps A. qui rejaillit avec 2 de viteſſe &
dont la maſſe eſt 1 , a ſelon ce même compte ,
4 de force , 12 & 4 font 16 :donc la force apres
le choc ſera 16, c'eſt-à-dire comme le quarré de
la viteſſedu Corps choquant A. avant le chocq :
car cette viteſſe étoit 4, & ſon quarré 16 , multiplié par la maſſe 1 , donne 16 de force ; vous
voyez donc que ce cas , loin de refuter le cas
rapporté par M. Herman , le confirme , & quelque viteſſe ou quelque maſſe qu'il vous plaiſe
de donner à ces Corps , vous trouverez toujours
leur force après le choc, comme le quarré de la
viteſſe du corps choquant multiplié par ſa maſſe ; ainſi cet exemple de M. Herman, n'eſt point
pag. 18. *particulier* , mais général , & ce n'eſt point en
lig. 8. tant que *double* de ſa premiere puiſſance , que
2 de viteſſe donne le nombre 4 dans cet exem-
pag.18. ple, mais *comme la ſeconde puiſſance ou ſon quarré*,
lig.9. ne vous mettez donc point en dépenſe *d'infinis*
pag.18. pour *parier* , car vous voyez que je ne ſerai point
lig. 9. *réduite* , comme vous le craignez , à faire dé-
pag.18. ſormais la force des Corps , comme la ſomme
lig. 3. des maſſes , multipliée par le double de la viteſſe.

Mais voyons à quoi vous êtes réduit vous-
même , pour trouver que dans cet exemple la
force communiquée par le Corps A. n'eſt qu'en
raiſon de ſa ſimple viteſſe multipliée par ſa maſſe ; car le Corps triple B , auquel le Corps A.
a donné 2 de viteſſe , a , de votre aveu même ,

6 de force, en voila déja plus que le Corps A pag. 17, lig. 8. n'en avoit, puifqu'il n'avoit que 4 de viteffe, & 1 de maffe, & par conféquent 4 de force, fuivant votre compte.

Mais ce n'eft pas tout encore, car le Corps A. qui avec 4 de force, en a communiqué 6 au Corps B, en a gardé 2 pour lui, felon vous-même, ce qui eft encore un furcroît d'embarras. pag. id.

Mais vous vous en tirez à merveille, en nous apprennant que la force du Corps A. n'eft qu'-une force *négative*; & en la fous-traïant, *felon* pag. 20. *toutes les regles de l'algébre*, de la force *pofitive* du Corps B, vous trouvez votre compte.

En verité c'eft une chofe admirable, que la facilité avec laquelle, cette petite *barre*, que vous avez mis devant l'expreffion de la force du Corps A, vous a débarraffé de ces 8 forces, que votre calcul même vous donnoit après le choc, au lieu de 4 que vous lui demandiez; mais di-tes-moi je vous fupplie, fi ce figne *moins*, & cette fouftraction ont ôté aux Corps A & B, quelque partie de leur force, & fi les effets que feront ces Corps fur des obftacles quelconques, en feront moindres, c'eft affurement ce que vous ne penfez pas, & je ne crois pas que vous en vouluffiez faire l'experience, ni vous trouver dans le chemin d'un Corps qui réjailliroit af-fecté de ce figne *moins*, avec 500 ou 1000 de force.

Je vous avouë donc , tout ferieufement, (car c'eft malgré moi , & feulement pour vous fui-vre , que je m'éloigne quelquefois dans cette Lettre , de ce ftile févére , que je crois être le feul qui convienne aux matieres philofophiques) je vous avouë , dis-je , que je ne vois pas de quoi ce figne *moins* vous avance , & comment vous pouvez en conclure , qu'il n'y a *véritable-ment* dans ces exemples que 4 de force , après, comme avant le choc , en ne confidérant que le tranfport de matiere de même part : car au-cun de ceux qui foûtiennent les forces en rai-fon du quarré n'a dit, ce me femble , que ces forces dûffent fe retrouver après le choc dans une même direction ; & en effet , puifque ces Corps après le choc ont *réellement* les forces pro-portionnelles à ce quarré, & qu'ils peuvent com-muniquer & exercer cette force il me paroit qu'il importe fort peu à fon exiftence que ce foit à droit, ou à gauche qu'elle exifte ; ainfi de *quel-que côté* que vous vous tourniez , il y aura tou-jours felon votre compte dans cet exemple , 4 de force avant le choc , & 8 de force après, ce qui eft un peu embarraffant.

Je vous avouë que je ne conçois pas ce que vous dites *fommairement* pag. 20. *que les Corps dont il s'agit dans l'experience de Mr. Herman , font fuppofez fe mouvoir d'un mouvement uniforme, avant & après le choc , & que par conféquent les forces vives n'y peuvent avoir lieu , car l'on ne confidé-*

re dans cette experience que l'effet produit par le Corps A ; or certainement ce Corps A qui a perdu toute sa vitesse, & toute sa force en choquant les corps B & C ne s'est pas mu d'un mouvement uniforme, & à l'égard des Corps B & C, on ne considére pas ce qu'ils font, mais ce qu'ils peuvent faire ; or dans l'experience de Mr. Herman ils ont à eux deux la force 4, toujours prête à se déployer contre le premier obstacle que vous leur présenterez.

Mais je ne dois pas oublier qu'il me reste à vous prouver, que ce cas proposé, par Mr. Herman, n'est ni *fortuit*, ni *équivoque*.

Mr. Herman n'étoit pas homme à choisir ses exemples au *hazard*, car c'est tout ce que veut dire ici, le mot de *fortuit* : or il est aisé de voir, que la raison qui a déterminé ce Geométre à choisir parmi tous les cas possibles, que je vous ai fait voir, qui prouvent également son opinion, celui qu'il a proposé ; c'est que ce cas est le seul dans lequel les adversaires des forces vives soient obligés de convenir, que même selon leur compte, les forces communiquées sont en pag. 20. lig. 8. raison du quarré des vitesses du Corps choquant, parce qu'il n'y a que l'unité qui soit égale à son quarré. Ce cas n'est donc, ni *fortuit*, ni *particulier*, ni *équivoque*, mais il est *général, choisi avec raison suffisante*, & *décisif* ; car Mr. Herman étoit en droit d'esperer que l'on conviendroit que le

(28)

Corps choquant A avec la viteſſe 2.avoit la force 4 , puis qu'il faiſoit voir dans un cas non
conteſté , ou du moins non conteſtable , qu'il
avoit communiqué cette force.

Mais de plus , le Corps A perd ſa force par
le choc dans ce même exemple , dans la même
proportion qu'un Corps qui remonte avec 2 de
viteſſe perd la ſienne par les coups de la péſanteur , comme je l'ai remarqué à la pag. 436. des
Inſtitutions,& c'eſt encore une des raiſons qui ont
engagé Mr. Herman à ſe ſervir de cet exemple,
préférablement aux autres , & à y introduire le
pag.22. Corps C, que vous appellez un *intrus* , quoique
lig. 22. vous ayez cependant reconnu vous-même, qu'il
pag. 23 étoit néceſſaire de l'introduire dans cette expe-
lig. 5. rience , afin que ce qui s'y paſſe , fut analogue
& ſuiv. à ce qui arrive dans les eſpaces parcourus par
un Corps qui remonte d'un mouvement que les
coups de la péſanteur retardent.

Ce n'eſt point non plus ſans *néceſſité* que je dis
pag. 436. & 437. des Inſt. après avoir rapporté cette experience de Mr. Herman , *que quoi
qu'elle réponde à ce que l'on a allegué contre la plu-
part des autres experiences qui prouvent les forces
vives , cependant la difficulté du tems y reſte encore,*
car il me ſemble que j'explique aſſez clairement
dans la ſuite de la pag. 437. comment cette difficulté y reſte , & en quoi elle conſiſte , pour
que vous ne ſoyez pas en droit de me dire com-

me vous faites, *que si la difficulté du tems entre* pag. 23.
lig. 19.
& 20. *dans cette expérience, c'est à d'autres égards, &* *nullement de la façon dont j'ai cru le devoir crain-* *dre*, car j'ai dit bien expressément à cette page 43. des Institutions que cette expérience ne pouvoit satisfaire entierement les adversaires, *parce qu'ils demandoient un cas, dans lequel, un* *Corps avec une double vitesse, fit un effet quadru-* *ple, dans le même tems, dans lequel un autre Corps,* *avec une vitesse simple, produit un effet simple.*

Or dans l'experience de M. Herman, si le Corps A. a communiqué toute sa force aux Corps B & C, il aura bien produit l'effet qua-druple, mais il ne l'aura produit qu'un temps double, & s'il n'a communiqué qu'une partie de sa force au Corps B, & qu'il n'ait point ren-contré le Corps C, il n'aura point produit l'ef-fet quadruple demandé.

Je n'ai donc point *jugé à propos de prévenir* pag. 23.
lig. 23.
24. &
25. une objection, qu'on *ne devoit point me faire,* mais j'ai repondu à l'objection, que M. Papin avoit fait autrefois à M. de Leibnits, & que M. Jurin a renouvellée depuis.

Reprenez donc votre *étonnement*, Monsieur, pag. 21.
à la fin. car il n'est point du tout *surprennant*, que j'aye cherché à repondre à cette objection, qui étoit la seule qu'une experience incontestable n'eut pas encore détruite.

Voilà pourquoi , j'ai rapporté à la page 438.
des Inftitutions, un cas que l'on a trouvé , &
par lequel on fatisfait entierement a la demande des adverfaires ; puifqu'il y a dans cet
exemple comme dans celui de M. Herman , 4
degrés de force produits par 2 de viteffe & cela
felon votre maniere de compter , [car ce quarré
eft un ennemi que vous retrouvez par tout.]
Mais cette experience a par deffus celle de M.
Herman, l'avantage , que l'effet quadruple y
eft produit *in uno ictu* , comme on l'avoit toujours demandé en vain , ce qui fait évanouir
entierement la difficulté du temps , car ce n'eft
pas un effet produit en un inftant indivifible ,
& dans lequel le tems n'entrât pas *pour quelque
chofe*, que l'on avoit demandé , puis que le tems
entre , & *entrera* toujours , dans tous les effets
naturels , tant dans ceux qui prouvent les forces vives , que dans ceux par lefquels on a
prétendu les combattre , mais on avoit demandé un effet quadruple , produit par une viteffe
double , dans le même tems qu'une viteffe fimple produit un effet fimple , & c'eft ce que l'on
trouve dans le cas que j'ai rapporté.

Je ne fçai ce que M. Jurin répondra à cette
expérience , qui fatisfait, je croi , à l'efpece
de défi que cet excellent Philofophe a fait aux
partifans des forces vives ; mais je fçai bien que
quelques incompétences qu'il decouvre dans mon

ouvrage , sa réponse , s'il en fait une , sera pag. 27. lig. derniere.
remplie de politesse , & de cette sagacité , qui
caracterise tout ce qu'il fait , car personne ne
rend plus de justice que moi au mérite de Mr
Jurin , quoique je sois dans des sentimens fort
différens des siens ; mais qui peut mieux prouver que vous , Monsieur, que mon assentiment
n'est le prix que de la vérité , & qu'en fait de
philosophie l'estime la plus extrême , ne peut
rien sur moi sans la conviction, car quoique je
n'aye jamais été en commerce avec vous ,
avant cette Lettre , c'étoit assez d'avoir lû vos
Ouvrages , pour estimer votre mérite.

Cette estime que je fais profession d'avoir
pour vous , Monsieur , me porteroit volontiers
à la *transaction* que vous me proposez sur ce
qui arrive dans la pésanteur , si je pouvois devi- pag. 31. lig. 6.
ner le sens de cette proposition,& ce qui arrive
dans la chûte des Corps,& pourquoi vous vous
dissimulez à vous-même que c'est de leur exem- pag. 28. lig. 25.
ple , que j'ai tiré ma premiere preuve en fa-
veur des forces vives , page 421. des Institutions Physiques. Je ne pouvois assurément m'at-
tendre après cela , que vous me reprochassiez pag. 29. lig. 6.
de ne vouloir pas les prouver par *cet effet* , dites-vous , *si simple* , & qui ne l'est peut-être pas
tant.

Je me flatte du moins qu'après ce que j'ai eu

l'honneur de vous dire , à la pag. 20. de cette lettre , vous ne regarderez plus l'exemple d'un Corps qui remonte , ou qui descend , & dont le mouvement n'est retardé , ou acceleré que par les impulsions de la pésanteur , comme un cas abandonné , dans lequel ceux qui soutiennent les forces vives , sont obligés de convenir qu'on ne les trouve pas ; car j'espere vous avoir répondu assez précisément pour lever tous vos doutes , ausquels je ne sçache pas d'ailleurs qu' aucun partisan des forces vives ait donné lieu.

Il est vrai que Mr Bernoulli a dit * , que cet exemple tiré de la chûte des Corps, que Mr de Leibnits avoit proposé , ne lui paroissoit pas assez convaincant , & il l'a confirmé par une infinité de demonstrations , telles qu'il les fait faire ; mais ce qui a confirmé cet exemple , l'a-t'il réfuté ? conclure ainsi , ce seroit assurément pag.28. ce qu'on pourroit appeller , procéder dans ses lig. 17. raisonnemens *d'une maniere toute opposée à celle* 18. & *que la bonne philosophie nous dicte.* 19.

C'est, ce me semble, avec quelque raison,que les Leibnitiens disent , non pas simplement , pag.28. comme vous le prétendez , *que le tems n'est rien,* lig. 9. car cela n'auroit aucun sens ; mais que pour faire un effet quadruple , il faut avoir une force

---

* Dans son mémoire envoyé à l'Académie en 1726.

quadruple , quel que ſoit le tems dans lequel
cet effet s'opere ; & quand pour répondre à
l'objection qu'on leur fait , que ces effets quadruples , s'operent dans un tems double , ils ap-
portent des exemples dans leſquels l'effet quadruple eſt produit dans un tems ſimple , ce n'eſt
pas qu'en effet la force en fut moins quadruple , ſuppoſé qu'il ne ſe trouvât aucun effet
quadruple operé dans un tems ſimple ; car ces
effets quadruples n'en ſont pas moins produits
pour l'avoir été dans un tems double , & ils ne
l'ont pas été ſans force , puiſqu'il n'y a point
d'effet ſans cauſe : mais on apporte ces exemples pour convaincre les adverſaires par leurs
propres principes , & pour les forcer de conclure , que lorſque l'effet quadruple eſt produit
dans un tems double , ce n'eſt point à cauſe de
ce tems double que l'effet quadruple a été produit , mais parce que le corps qui l'a operé
avoit une force quadruple , & alors on peut
mettre à l'occaſion de la difficulté du tems ,
cette parentheſe , *ſi c'en eſt une* ; car cette paren- pag. 28.
lig. 7.
theſe , que vous me reprochez , ne veut dire
autre choſe , ſinon que , ſoit que le tems ſoit
double , ſoit qu'il ne le ſoit pas , les effets étant
toujours quadruples , la force qui les produit
le doit être , & qu'enfin ce raiſonnement , *cum
hoc , ergo propter hoc*, n'a pas plus de juſteſſe , &
ne doit pas avoir plus de poids ici , qu'ailleurs.

Vous me repetez encore ici , Monſieur, *que*

pag.26.
& 27.
lig. der-
niere &
prem.
je n'ai point lû votre Mémoire ; & à force de me le dire, je crains qu'à la fin vous ne me le per_ suadiez : je viens donc encore de le *relire* pour la troisiéme fois, afin d'être bien assurée de l'a_ voir lû, mais j'avoue que je n'y ai trouvé au_ cune des choses, que vous m'aviez fait espé-

pag.17.
rer : telle est, par exemple, la démonstration par laquelle vous dites dans votre Lettre avoir refuté plusieurs cas pareils à celui de M. Her-

pag.26.
lig. 7.
& 8.
pag. 5.
man, non plus que cet exemple, *tout pareil à celui qui se trouve à la pag. 438. des Inst. pour ne pas dire le même* ; enfin je l'ai *relû, sans sentir le foible de mes preuves*, ni la force des vôtres, & je n'ai remporté d'autre fruit de cette nouvelle lecture, que de me convaincre, de plus en plus, que je ne le lirai jamais *bien*, quand j'y passe_ rois toute ma vie ; vous sentez bien que la seu_ le consolation qui me reste après cela, c'est d'es_ pérer que vous ne me ferez par du moins le même reproche sur votre Lettre.

En lisant cette Lettre, je vois que vous dites à la pag. 37. que les adversaires des forces vi-

lig. 6.
ves *n'ont cherché qu'à invalider* les experiences tirées des *enfoncemens faits dans l'argile*, par les_ quelles on les prouve ; quoique cependant vous m'eussiez fait l'honneur de me dire à la pag. 30.

lig. 7.
de votre même Lettre *que vous ignorez qui sont ceux qui rejettent ces experiences.* Mais apparem- ment que vous l'avez appris depuis.

Vous ajoûtez enſuite, *que vous les avez adop-* pag. 30.
tées en preuve de votre ſentiment, ce qui s'appelle lig. 12.
aſſurément faire argent de tout, ſans s'enrichir. & 13.

Vous me demandez ici, Monſieur, pour le- pag. 31.
quel des deux partis je crois que ſe trouve *la*
préſomption : je vous avouë que je ne m'étois
point fait encore cette queſtion, & qu'ainſi
vous me prenez au dépourvu pour y répondre ;
mais pour vous donner une preuve de ma défé-
rence, je vous dirai que ſi je croyois qu'il n'y
eut que des préſomptions dans cette diſpute, je
vous abandonnerois volontiers cet avantage ;
ainſi nous ferions bientôt d'accord. A l'égard de
l'autorité *bien ou mal évaluée*, je vous avouë que pag. 32.
je ne crois pas qu'elle doive décider dans une lig. 5.
queſtion, qui eſt devenuë toute Mathematique.

Auſſi quand j'ai cité Mrs. Herman, & Bernoulli, dans mon Livre, n'ai-je pas prétendu en
impoſer à mes Lecteurs par des noms ſi célébres,
mais j'ai voulu ſeulement les mettre à portée
d'aller chercher les preuves de ces Philoſophes,
dans leurs Ouvrages mêmes.

Je me perſuade donc que ſi vous vous donniez
la peine de faire ce Livre *ſur les préjugés légitimes*, pag. 33.
que vous croyez qui ſeroit ſi *utile* à cette diſpute, lig. 6.
on le liroit avec plaiſir, comme tout ce qui ſort
de votre plume, car c'eſt là aſſurément *un pré-*
juge bien légitime ; mais je doute qu'on en pût eſ-
perer d'autre fruit. C ij

pag.33.
lig. 16.
Quant à ce que vous appellez ; *des sources
d'illusion plus délicates*, quand je sçaurai ce que
vous entendez par-là, je tâcherai d'y répondre.

pag.45.
Vous, Monsieur, qui vous revoltez tant contre l'autorité, il me semble que vous appuyez
beaucoup ici sur celle de Mr. Newton, qui
croyoit la force des Corps proportionnelle à leur
simple vitesse ; mais comme il n'en parle que
dans les questions qui sont à la fin de son opti-
que, & que nous n'avons aucun ouvrage de lui,
qui nous fasse voir qu'il ait discuté les preuves,
que l'on apporte en faveur des forces vives, on
peut *raisonnablement douter* de quelle opinion
M. Newton eut été s'il les avoit discutées,
car il étoit assez grand homme pour embrasser
une opinion dont M. de Leibnits étoit l'Auteur,
s'il l'avoit jugée véritable.

pag.13.
lig. 16.

pag.32.
lig. 8.
& 9.
Tout est dit selon vous, Monsieur, ou le doit
être, sur cette matiere ; mais tout ne l'étoit pas
en 1728, & si vous n'aviez pas donné votre
mémoire, on n'auroit jamais sçu que la force
d'un Corps doit être estimée par ce qu'il ne fait
pas.

pag.32.
Je ne sçais s'il y a des choses *nouvelles*, sur
cette matiere dans mon Livre, & ce n'est pas
à moi d'en juger ; mais je me flatte, du moins,
d'y avoir *démontré*, que votre façon d'estimer
la force des Corps, n'a pas l'avantage de la *vé-*

rité, & je ne cherche point à vous difputer celui
de la *nouveauté*.

Je fuis enfin de votre avis, Monfieur, & j'au‑
rois été bien fâchée que cette Lettre fe fut ter‑
minée fans cela ; je crois comme vous, que l'on
auroit grand tort de fe perfuader que cette quef‑ pag. 35.
tion fur la maniere d'eftimer la force des Corps
n'eft qu'une queftion de nom ; & ceux qui fe
retireroient dans cet *afyle* mériteroient affuré‑ idem,
rément d'en être tirés pour effuïer toutes les lig. 14.
queftions qui fe trouvent à la pag. 35. de votre
Lettre ; j'efpére donc que vous ne vous repen‑
tirez point de la juftice que vous voulez bien
rendre à mon difcernement , en me croyant
affez *éclairée*, pour voir que de donner 100. dé‑ idem.
grés de force a un Corps , ce n'eft pas la même
chofe que de lui en donner 10.

Enfin je fuis encore perfuadée avec vous qu'il
y a quelqu'un *ici* qui a tort ; mais je fuis bien pag. 37.
fure du moins de n'avoir pas celui de ne pas fen‑ lig. 12.
tir tout votre mérite. Je fuis , &c.

www.ingramcontent.com/pod-product-compliance
Ingram Content Group UK Ltd.
Pitfield, Milton Keynes, MK11 3LW, UK
UKHW020059100726
13658UKWH00004B/1863